Hidrometría en Ríos de Alta Montaña: Guía Práctica (Spanish Edition)

RAFAEL A. BARCENAS R.

ISBN: 9798324844967

DEDICATORIA

Esta guía está dedicada a todas las personas que necesitan asistencia profesional indirecta para llevar a cabo mediciones de caudal en ríos de alta montaña utilizando molinetes tradicionales de hélice o sensores electromagnéticos. Estos ríos presentan desafíos únicos debido a la variabilidad de sus secciones a lo largo del tiempo y a las condiciones cambiantes durante las temporadas de sequía e invierno.

CONTENIDO

AGRADECIMIENTOS

Gracias a Dios, mi familia y colegas por la paciencia y motivación para la realización de este proyecto de vida, espero sea de su agrado y lo que ponga en práctica le sirva en su campo de acción donde también estaré agradecido con usted como lector.

INTRODUCCIÓN

Esta guía práctica se elabora con base en los estándares europeos de la ISO 748, es un estándar británico que ha servido de modelo para muchos países que han elaborado sus guías y manuales como la Organización Meteorológica Mundial entre otros; adicionalmente como ingeniero ambiental y Tecnólogo en Agua y Saneamiento enfocado en la hidrometría e Hidrología con más de 15 años de experiencia realizando aforos en ríos de alta montaña, construyendo curvas de calibración en épocas de invierno y estiaje respectivamente, quiero poner a su disposición mi conocimiento para lograr satisfacer una necesidad en el medio de la hidrometría puesto que existen muchos métodos y equipos para el trabajo de campo donde la calidad de la información obedece al aforo como tal, es decir si se realiza un aforo de mala calidad se tendrá un resultado de similar y viceversa.

Los ríos de alta montaña evaluados en esta guía se ubican en la cordillera Andina, zona occidental de Colombia entre los 3600 m.s.n.m. y los 2400 m.s.n.m.

1 PRINCIPIO DE LOS MÉTODOS DE MEDICIÓN EN LA HÍDROMETRIA

La base de estos métodos hidrológicos es la determinación precisa de la velocidad del flujo y el área de la sección transversal del cuerpo de agua. Para comenzar, se selecciona el ancho de la sección transversal en función de su tamaño observable. Este ancho se mide utilizando una cinta métrica o cualquier otro instrumento de medición topográfica adecuado.

Posteriormente, la profundidad se mide en una serie de puntos distribuidos a lo largo del ancho seleccionado. Estos puntos son conocidos como verticales o dovelas. Es crucial obtener mediciones en un número suficiente de dovelas para poder caracterizar adecuadamente la forma geométrica de la sección transversal y calcular su área total.

Estas mediciones permiten a los hidrólogos y a los ingenieros ambientales entre otras profesiones obtener datos fundamentales para el análisis del comportamiento del agua en ríos, canales y otros cuerpos hídricos.

Las mediciones de velocidad, realizadas mediante el uso de molinetes, se llevan a cabo en cada vertical de la sección transversal del río. Es preferible realizar estas mediciones simultáneamente con la medición de la profundidad. Esto es especialmente relevante cuando se trata de lechos inestables.

El caudal total, también conocido como descarga, se determina mediante la suma de los productos de la velocidad media del agua y el área transversal correspondiente a cada segmento de una sección transversal del río. Esta suma puede realizarse de manera aritmética o gráfica y se basa en una serie de mediciones obtenidas a lo largo de la sección transversal.

Para calcular el caudal en un punto específico, conocido como caudal puntual, se utiliza la información recopilada de las observaciones individuales realizadas en cada vertical de medición. Estas mediciones permiten obtener un valor representativo del caudal en ese punto particular del río.

2 SELECCIÓN DEL SITIO IDEAL

El lugar seleccionado para la medición debe cumplir, en la medida de lo posible, con los siguientes criterios:

a. El canal en el punto de medición debe ser recto y tener una sección transversal con pendiente uniforme para minimizar la distribución anormal de la velocidad. En canales de longitud limitada, se aconseja que la extensión recta aguas arriba sea, como mínimo, el doble que la extensión recta aguas abajo para las mediciones con molinete.

b. Las direcciones de flujo en todos los puntos de cualquier vertical a lo largo del ancho deben ser paralelas entre sí y perpendiculares a la sección de medición.

c. El lecho y los márgenes del canal deben ser estables y estar claramente definidos en todas las etapas del flujo, asegurando mediciones precisas de la sección transversal y la consistencia de las condiciones durante y entre las mediciones de caudal.

d. Las curvas que representan la distribución de velocidades deben ser regulares tanto en el plano vertical como en el horizontal de la sección de medición.

e. Las condiciones en la sección de medición y sus alrededores deben ser tales que prevengan cambios en la distribución de la velocidad durante el período de medición.

f. Se deben evitar áreas con vórtices, flujo inverso o zonas de aguas estancadas.

g. La sección de medición debe ser claramente visible en toda su extensión y no estar obstruida por árboles, vegetación acuática u otros obstáculos.

h. La medición del caudal desde puentes puede ser un método conveniente y, a veces, más seguro para muestrear la anchura, profundidad y velocidad. Cuando se mida desde un puente con pilares, cada sección del canal debe medirse de forma independiente. Es crucial prestar especial atención a la distribución de la velocidad cuando las aberturas del puente estén sobrecargadas u obstruidas.

i. La profundidad del agua en la sección debe ser suficiente en todo momento para permitir la inmersión adecuada del correntímetro o del flotador, según corresponda.

j. Si el sitio se establece como una estación permanente, debe ser fácilmente accesible en todo momento con todo el equipo de medición necesario.

k. La sección debe ubicarse lejos de bombas, esclusas y desagües, especialmente si su operación durante una medición puede resultar en condiciones de flujo inestable.

l. Se deben evitar lugares con flujos convergentes o divergentes.

m. En situaciones donde sea necesario realizar mediciones cerca de un puente, es preferible que el punto de medición esté situado aguas arriba del puente. No obstante, en ciertos casos, como cuando hay acumulación de hielo, troncos o escombros, es aceptable que el punto de medición se ubique aguas abajo del puente.

n. Bajo ciertas condiciones de caudal o nivel del río, puede ser necesario realizar mediciones de correntímetros en tramos diferentes al lugar originalmente elegido. Esto es aceptable siempre que no existan pérdidas o ganancias significativas no medidas en el río en el tramo intermedio y que todas las mediciones de caudal se puedan correlacionar con cualquier valor de etapa registrado en la sección de referencia principal.

3 ESTACIÓN PERMANENTE

Si se prevé que el sitio se convierta en una estación de monitoreo permanente o se vaya a utilizar frecuentemente para mediciones futuras, es imprescindible que esté equipado con instalaciones adecuadas para marcar la sección transversal y para determinar la etapa del agua. En situaciones donde el lugar se utilice de manera esporádica o única, y no se disponga de medios para calcular los valores de la etapa en el sitio, es crucial asegurar que tanto el nivel del agua como el caudal se mantengan estables durante el tiempo que dure la medición.

La ubicación de cada sección transversal, perpendicular a la dirección promedio del flujo, se marcará en ambas orillas con hitos que sean claramente visibles y fácilmente reconocibles.

Durante todo el período de medición, el nivel del agua se leerá a intervalos regulares en un gálibo (indicador de altura y ancho máximos). El punto de referencia de la galga se vinculará mediante una nivelación topográfica precisa con un punto de referencia estándar   establecido.

4 MEDICIÓN DE LA SECCIÓN TRANSVERSAL

Para determinar el perfil de la sección transversal de un canal abierto en el punto de aforo, es necesario realizar mediciones en una cantidad adecuada de puntos. Estos puntos deben ser suficientes para definir con precisión la forma del lecho del canal. La forma del lecho es crucial para entender cómo el agua fluye a través del canal y para calcular el caudal.

La ubicación de cada punto de medición se establece midiendo su distancia horizontal desde un punto de referencia fijo. Este punto de referencia se sitúa en una de las orillas del canal y debe estar alineado con la sección transversal que se está estudiando. La precisión en la ubicación de estos puntos es fundamental para garantizar la exactitud de las mediciones de la sección transversal.

Una vez que se han determinado las posiciones de estos puntos, se pueden calcular las áreas de los segmentos individuales del canal. Estos segmentos están separados por verticales sucesivas, que son líneas imaginarias que se extienden verticalmente desde el fondo del canal hasta la superficie del agua. En estas verticales, se realizan mediciones de la velocidad del agua en diferentes profundidades para obtener un perfil de velocidad completo.

El cálculo del área de estos segmentos se realiza sumando las áreas parciales de cada segmento entre dos verticales consecutivas. La suma de estas áreas parciales da como resultado el área total de la sección transversal del canal. Conociendo el área y el perfil de velocidad, los hidrólogos pueden calcular el caudal total que pasa por la sección transversal en un momento dado.

Este proceso es esencial para gestionar el recurso hídrico proporcionando información valiosa sobre la cantidad de agua que fluye a través de un canal y es la base para estudios hidrológicos y de ingeniería más avanzados.

5 MEDICIÓN DEL ANCHO DE LA SECCIÓN

Para realizar una medición precisa del ancho del canal y de los segmentos individuales, se debe medir la distancia horizontal desde o hasta un punto de referencia fijo. Este punto debe estar ubicado en el mismo plano que la sección transversal en el lugar de medición para garantizar la precisión.

Cuando la anchura del canal lo permita, estas distancias horizontales deben medirse utilizando métodos directos. Por ejemplo, se puede emplear una cinta métrica graduada o un alambre marcado que sea adecuado para el propósito. Durante la medición, es esencial aplicar las correcciones necesarias por factores como la dirección, la tracción, la inclinación y la temperatura. Estas correcciones aseguran que la medición de la anchura de la sección transversal sea exacta y confiable.

Los intervalos entre verticales, que corresponden a la anchura de los segmentos, deben medirse de la misma manera. Es decir, utilizando una cinta o alambre y aplicando las correcciones pertinentes.

Es importante mantener la incertidumbre en la medición del ancho dentro de un margen aceptable, el cual no debe superar el 0.5%. Esto es para asegurar que los datos recopilados reflejen con precisión las condiciones reales del canal.

6 MEDICIÓN DE LA PROFUNDIDAD

Para asegurar una medición precisa del perfil de la sección transversal, la profundidad debe medirse a intervalos cercanos entre sí. Esto permite definir con exactitud la forma del lecho del río o canal. El número de puntos donde se mide la profundidad debe coincidir con el número de puntos donde se mide la velocidad del agua.

Al utilizar una barra de sondeo o una línea de sondeo, es recomendable realizar al menos dos lecturas en cada punto de medición. Se debe calcular el valor medio de estas dos lecturas para incluirlo en los cálculos de profundidad. Si la diferencia entre las dos lecturas es mayor al 5%, se deben tomar dos lecturas adicionales. Si estas nuevas lecturas no superan el 5% de diferencia, se aceptarán y se descartarán las dos primeras. En caso de que la diferencia persista por encima del 5%, no se realizarán más mediciones y se utilizará el promedio de las cuatro lecturas, aunque esto implica una reducción en la precisión de la medición.

En el caso de usar un ecosonda, siempre se debe tomar el promedio de varias lecturas en cada punto. Es crucial realizar calibraciones periódicas del ecosonda bajo las mismas condiciones de salinidad y temperatura del agua que se está midiendo para garantizar la precisión del instrumento.

Si resulta imposible realizar más de una lectura de profundidad, la incertidumbre en la medición debe mantenerse dentro de límites aceptables:

- Para profundidades de hasta 0.300 metros, la incertidumbre no debe exceder el 1.5%.
- Para profundidades mayores a 0.300 metros, la incertidumbre no debe ser mayor al 0.5%.

Estos estándares de incertidumbre aseguran que las mediciones de profundidad sean confiables y que los cálculos de caudal basados en estas mediciones reflejen con precisión las condiciones reales del cuerpo de agua.

7 IMPRECISIONES

Las imprecisiones en los sondeos pueden obedecer a lo siguiente:

a. Desviación vertical de la varilla o línea de sondeo en aguas profundas por altas velocidades del agua, lo anterior se puede mitigar usando equipos electrónicos o ecosonda para la medición de la presión del agua, el efecto de arrastre se puede eliminar con peso de plomo aerodinámico.

b. Penetración del lecho por peso de la varilla o línea de sondeo, se mitiga o elimina instalando una placa en la base de la varilla de sondeo.

c. Naturaleza del lecho cuando se utilizan equipos electrónicos como el ecosonda y para su mitigación se debe preferir la representación más adecuada del lecho-agua.

d. Falta de retirar obstáculos aguas arriba y/o aguas abajo del punto de medición a lo ancho y largo de la sección de estudio.

e. Falta de calibración de los equipos.

f. Mal estado de la hélice o sensor.

g. Error en toma e ingreso de datos por operador de la instrumentación hidrométrica.

h. Utilización de hélice no adecuada según su velocidad de diseño.

i. Falta de puntos tanto en las verticales a su ancho como en sus alturas según metodología utilizada, generalmente se adapta por el hidrólogo acorde a la lámina de agua, ancho y velocidades.

j. Mediciones realizadas con varios equipos al mismo tiempo sin considerar factores de similitud y compatibilidad de equipos además de las particularidades del sitio de estudio.

8 MEDICIÓN DE LA VELOCIDAD MEDIANTE CORRENTÓMETRO TRADICIONAL DE HÉLICE

Los correntómetros de elemento rotatorio deben fabricarse, calibrarse y mantenerse de acuerdo con las normas ISO 2537 e ISO 3455. Estos dispositivos deben utilizarse exclusivamente dentro de su rango calibrado y montarse en equipos de suspensión similares a los utilizados durante la calibración.

Es importante tener en cuenta que cerca de la velocidad mínima de respuesta, la incertidumbre en la determinación de la velocidad es alta. Por lo tanto, se debe tener precaución al medir velocidades cercanas a este límite.

Para velocidades más elevadas, en el caso de los correntómetros de hélice, se debe elegir una hélice o una relación de reducción (si existe) de manera que la velocidad máxima de rotación pueda medirse correctamente. Esto garantiza que el cuentarrevoluciones pueda registrar con precisión la velocidad máxima de rotación.

Además, no se debe seleccionar ningún correntómetro de elemento giratorio cuando la profundidad en el punto de medición sea inferior a cuatro veces el diámetro del rodete que se va a utilizar o del cuerpo del propio contador, si este último es mayor. Además, ninguna parte del contador debe romper la superficie del agua. Sin embargo, hay excepciones en casos donde la sección transversal es muy poco profunda en un lado, pero sigue siendo la mejor opción disponible si la corriente registra velocidad dentro del rango de diseño de la hélice.

9 MEDICIÓN DE LA VELOCIDAD MEDIANTE MOLINETES ELECTROMAGNÉTICOS

Los correntómetros electromagnéticos son instrumentos válidos para la medición de velocidades puntuales en estudios hidrológicos. Estos dispositivos ofrecen una ventaja significativa al no tener partes móviles, lo que elimina la incertidumbre asociada con la fricción y la resistencia mecánica.

Para garantizar mediciones precisas, es esencial que los correntómetros electromagnéticos se calibren a lo largo de todo el rango de velocidades para las que se pretenden usar. Además, deben cumplir con requisitos de precisión comparables a los de los correntómetros de elemento giratorio.

Es crucial no utilizar estos correntómetros fuera de su rango de calibración para evitar errores en las mediciones. Una de las ventajas de los correntómetros electromagnéticos es su capacidad para operar a profundidades menores que las requeridas por los correntómetros de elementos giratorios, así como su habilidad para detectar y medir flujos inversos.

En cuanto a la selección de un correntómetro electromagnético, no se debe elegir uno si la profundidad en el punto de medición es menor a tres veces la dimensión vertical de la sonda, según lo establecido en la norma ISO/TS 15768. Sin embargo, hay una excepción a esta regla: si la sección transversal es muy poco profunda en un lado, pero representa la mejor opción disponible, entonces se puede considerar su uso cuando en el manual del usuario del respectivo equipo electromagnético se de claridad de ello.

10 PROCEDIMIENTO DE MEDICIÓN

Las mediciones de velocidad del agua se llevan a cabo de manera concurrente con las mediciones de profundidad para garantizar la precisión en la determinación del caudal parcial y total. Este procedimiento es imperativo, particularmente en situaciones donde el lecho del río o canal es susceptible a cambios o movimientos, lo que podría afectar la estabilidad de este. No obstante, en circunstancias donde las mediciones de velocidad y profundidad no puedan realizarse simultáneamente, es crucial llevar a cabo observaciones de la velocidad en una cantidad adecuada de puntos a lo largo del canal. La separación horizontal entre estos puntos de observación debe ser medida con precisión, siguiendo las metodologías descritas previamente en este documento.

Al evaluar el número específico "n" de perfiles verticales necesarios para calcular el caudal en canales de pequeña envergadura (menos de 5 metros de ancho), se deben considerar los siguientes criterios establecidos. Estos criterios constituyen el mínimo requerido y cualquier reducción en el número de perfiles verticales solo debería ser considerada si existen limitaciones prácticas tales como restricciones de tiempo, consideraciones de costo o condiciones particulares del sitio que impidan la realización de un estudio más exhaustivo. En todos los casos, se debe hacer un esfuerzo para cumplir con estos estándares mínimos a fin de asegurar la integridad y la confiabilidad de los datos de caudal obtenidos.

Al llegar a un sitio por primera vez se hace necesario evaluar como mínimo su pendiente y la velocidad distribuida del agua, los obstáculos que pueden existir aguas arriba y aguas debajo de la transversal seleccionada, si el operador del equipo no evalúa dichas condiciones puede llevarse un dato erróneo del caudal, con el tiempo de practica al llegar a cualquier sitio se desarrolla un sentido común para realizar la segmentación de la transversal, se inicia dividiendo su ancho en 10 partes iguales, si el caudal individual de cada parte es mayor al 10% del total del caudal aforado se puede considera repetir el aforo aumentando su segmentación; en muchos casos los ríos de alta montaña manifiestan un lecho cambiante y recostado a una de las orillas donde se puede segmentar el aforo de forma más puntual donde lleva mayor velocidad el agua, me explico con el siguiente ejemplo si en un ancho de 5 metros la mayor cantidad de agua pasa del centro es decir a los 2,5 metros hacia la orilla de observación previa (generalmente más profunda) se utilizan verticales menos espaciadas para despreciar menos caudal en dicha zona caudalosa.

Los rio presentan márgenes diferentes en invierno y/o verano, cuando se tienen miras limnimétricas en un sitio concurrente para los aforos, se dan casos que pasa más o menos agua con el mismo valor de referencia dependiendo la temporada mencionada anteriormente ya que aumenta o disminuye la velocidad del agua.

A continuación, se ilustra en la Tabla N°1 la segmentación sugerida para realizar un aforo bien sea recurrente o puntual, dicha tabla es adaptable según las necesidades del hidrometrista o hidrólogo.

Tabla 1 Rangos sugeridos para la segmentación de transversales

Ancho del canal (m)	Verticales	Observación
< 0.5	n = 5 a 6	Cuando un segmento tenga un valor mayor al 10% del total ($\sum$segmentos) se sugiere aumentar la segmentación inicial
> 0.5 y < 1.0	n = 6 a 7	
> 1.0 y < 3.0	n = 7 a 12	
> 3.0 y < 5.0	n = 13 a 16	
> 5.0	n ≥ 22	

Fuente y adaptación al sistema métrico de ISO 748:2007.

Para ríos con anchos superiores a 5 metros, se seleccionará el número de verticales de tal manera que la descarga en cada segmento sea, en la medida de lo posible, inferior al 5% del total. Esta estrategia asegura una distribución equitativa de la descarga entre los segmentos y minimiza la influencia de cualquier segmento individual en la descarga total. Sin embargo, es importante tener en cuenta que la descarga en ningún segmento debe exceder el 10% del total.

Los contadores de corriente o indicadores de velocidad que cuentan con una pantalla digital de baja resolución no son adecuados para medir velocidades bajas. En particular, no deben utilizarse a velocidades inferiores a 0,15 metros por segundo, ya que la baja resolución de la pantalla puede resultar en mediciones imprecisas.

Cuando se pueda controlar la orientación del correntómetro, como cuando se vadea un río con varillas, es crucial que el medidor se mantenga en un ángulo recto con respecto a la sección transversal de medición. Esta orientación perpendicular asegura que el medidor esté alineado con el flujo de agua y pueda medir la velocidad con precisión.

En situaciones donde el flujo de agua es oblicuo, o la sección transversal del río no es perpendicular a la dirección del flujo, y el medidor está suspendido en el agua, es importante que el medidor se alinee con la dirección del flujo. En estos casos, se debe permitir que el medidor se ajuste a la dirección del flujo antes de iniciar las lecturas de velocidad. Este ajuste asegura que el medidor esté alineado correctamente con el flujo y pueda medir la velocidad con precisión.

La velocidad del agua en cada punto seleccionado para la medición se observará exponiendo el correntómetro al flujo durante un mínimo de 50 segundos. Este tiempo de exposición asegura que el medidor tenga suficiente tiempo para medir la velocidad con precisión.

Si la velocidad del agua está sujeta a pulsaciones periódicas que superen los 50 segundos, es necesario aumentar el tiempo de exposición del correntómetro al flujo. Este ajuste se realiza de acuerdo con la norma ISO 1088, que proporciona directrices sobre cómo manejar las pulsaciones periódicas en las mediciones de velocidad.

Es importante sacar el correntómetro del agua o llevarlo a la superficie a intervalos regulares para su examen visual. Este examen visual permite verificar que el medidor esté funcionando correctamente y no esté obstruido por escombros u otros objetos.

Normalmente, este examen se realiza al pasar de una vertical a otra durante la medición.

Antes y después de cada medición de descarga, es necesario realizar una prueba de giro, si corresponde, para garantizar que el mecanismo del correntómetro funciona libremente. Esta prueba de giro se realiza de acuerdo con la norma ISO 2537, que proporciona directrices sobre cómo realizar pruebas de giro en correntómetros.

Cabe anotar que la lectura de la mira limnimétrica o de referencia debe leerse de frente y a un nivel donde no se distorsione la lectura por ángulos mayores a los 45°. Ideal leer dicha referencia en ángulos lo más planos posibles.

11 MÉTODO ARITMÉTICO DE LA SECCIÓN MEDIA

Se considera que la sección transversal está formada por varios segmentos, cada uno delimitado por dos verticales adyacentes (véase ilustración 1).

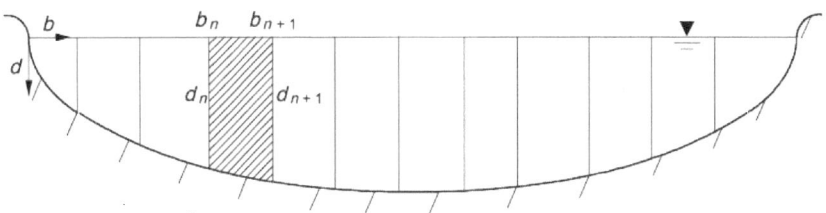

Ilustración 1 Diagrama ilustrando el método de la sección media. Fuente ISO 748:2007

El flujo en el panel sombreado se calcula de la siguiente manera:

$$q = (b_{n+1} - b_n) * \left(\frac{d_{n+1} + d_n}{2}\right) * \left(\frac{\bar{v}_{n+1} + \bar{v}_n}{2}\right)$$

Donde $\bar{v}$ es la velocidad media en cada vertical

El caudal adicional en los segmentos entre orillas, primera y última vertical, se puede estimar a partir de la ecuación anterior, en el supuesto de que la velocidad en los bancos es cero.

El caudal total es igual a la suma de caudales en cada panel, por lo tanto:

$$Q = \sum (b_{n+1} - b_n) * \left(\frac{d_{n+1} + d_n}{2} \right) * \left(\frac{\bar{v}_{n+1} + \bar{v}_n}{2} \right)$$

12 MÉTODO ARITMÉTICO DE LA SECCIÓN CENTRAL

Se considera que la sección transversal está formada por varios segmentos, cada uno de los cuales contiene una vertical (véase la ilustración 2). El caudal en cada segmento se calculará multiplicando v *d por el ancho correspondiente medido a lo largo de la línea agua-superficie. Este ancho se tomará como la suma de la mitad del ancho desde la vertical adyacente a la vertical para la que v *d se ha calculado más la mitad de la anchura desde esta vertical a la vertical adyacente correspondiente en el otro lado. El valor de $\bar{v}$ *d en las dos medias anchuras junto a las orillas se toma como cero.

Por esta razón, la primera y última vertical de una medición debe estar lo más cerca posible de los bancos si se utiliza el método de cálculo de sección central.

Cuando el lecho sea desigual, y el tiempo y el costo lo permitan, la determinación de la profundidad en los puntos intermedios entre las verticales anotadas que se muestran en la ilustración 2 puede proporcionar una determinación más precisa del área de cada panel.

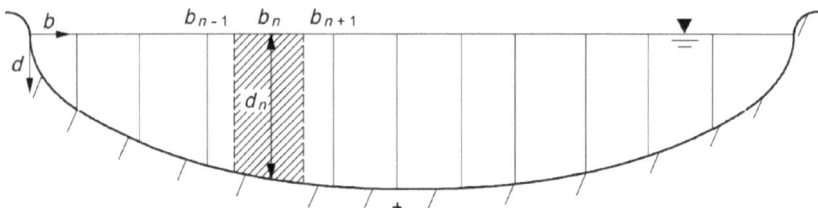

Ilustración 2 Diagrama ilustrando el método de la sección central. Fuente ISO 748:2007

Para este método, el flujo en cada panel se calcula como se muestra a continuación:

$$q = \bar{v}_n d_n * \left(\frac{b_{n+1} - b_{n-1}}{2} \right)$$

Donde de nuevo $\bar{v}$ es la velocidad media en la vertical.

El cómputo se realiza en cada vertical y el caudal o descarga total a través de la sección, se obtiene sumando estos caudales o descargas parciales de la siguiente manera:

$$Q = \sum \bar{v}_n d_n * \left(\frac{b_{n+1} - b_{n-1}}{2} \right)$$

13 INCERTIDUMBRE EN LA MEDICIÓN

Las mediciones físicas tienen incertidumbres, que pueden ser errores sistemáticos del equipo de calibración y medición, o dispersión aleatoria por falta de sensibilidad del equipo. Esto es especialmente cierto cuando el correntómetro no registra o excede el rango de medición. Por lo tanto, el resultado de una medición es una estimación del valor real y solo está completo con una declaración de su incertidumbre.

La diferencia entre los errores medidos y los valores verdaderos define el error de medición. Es crucial construir curvas de calibración con caudales bajos y altos para obtener resultados precisos y reales. Un trabajo de campo consistente genera confianza en la toma de decisiones. Las curvas de calibración generadas en una fuente garantizan los rangos menores de incertidumbre que pueden existir.

14 EJEMPLO PRÁCTICO CURVA DE CALIBRACIÓN

Les expongo un ejercicio práctico realizado en una fuente donde se tienen los siguientes datos de los caudales obtenidos en los aforos respectivos por orden cronológico en la tabla N°2

Tabla 2 Aforos realizados

Fecha	Mira	Caudal
27-jun	13	252,2
10-jul	9	186,5
03-ago	16	309,4
03-ago	15	296,2
03-ago	17	342,3
15-nov	8	143,2
18-nov	17	345,3
18-nov	17	343,6
18-nov	17	348,0

Fuente de elaboración propia (2024).

Al graficar los datos en Excel y adicionando una línea de tendencia logarítmica, Lineal y Potencial respectivamente tenemos los siguientes resultados:

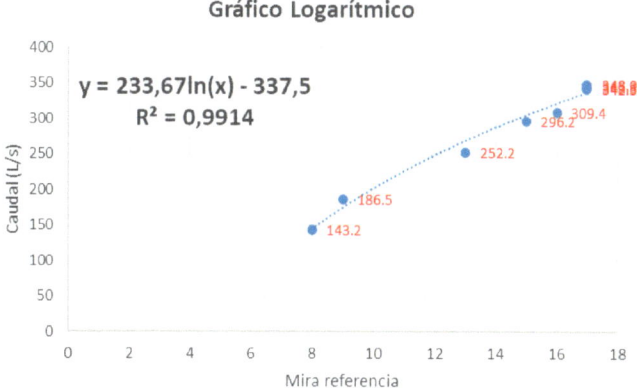

Ilustración 3 Gráfico Logarítmico. Fuente de elaboración propia (2024).

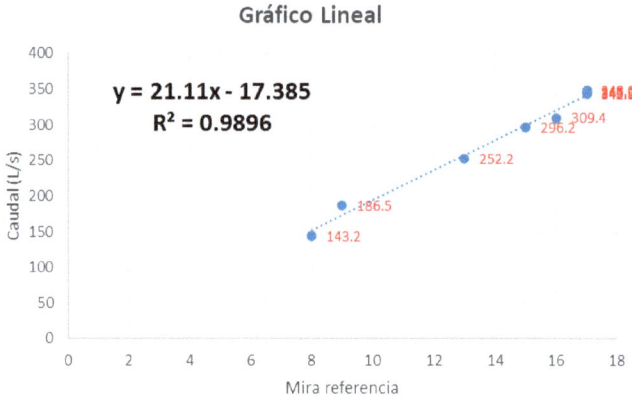

Ilustración 4 Gráfico Lineal. Fuente de elaboración propia (2024).

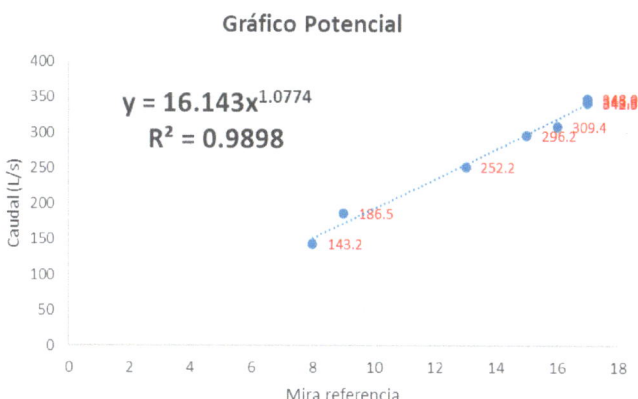

Ilustración 5 Gráfico Potencial. Fuente de elaboración propia (2024).

El coeficiente de determinación, también conocido como R^2, es una medida estadística que se utiliza para evaluar la bondad de ajuste de un modelo estadístico. En el contexto de la regresión lineal, R^2 representa la proporción de la variabilidad en la variable dependiente que puede ser explicada por el modelo de regresión.

Valores cercanos a $R^2 = 1$: Cuando R^2 está cerca de 1, indica que una gran proporción de la variabilidad en la variable dependiente es explicada por el modelo de regresión. En otras palabras, las variables independientes en el modelo son buenos predictores de la variable dependiente. Un R^2 de 1 indica un ajuste perfecto del modelo, lo que significa que el modelo puede explicar toda la variabilidad en los datos.

Valores alejados de $R^2 = 1$: Cuando R^2 está lejos de 1, indica que solo una pequeña proporción de la variabilidad en la variable dependiente es explicada por el modelo de regresión. Un R^2 cercano a 0 indica que el modelo no explica la variabilidad en los datos. En otras palabras, las variables independientes en el modelo no son buenos predictores de la variable dependiente.

Es importante tener en cuenta que un R^2 alto no siempre significa que el modelo es bueno, ni un R^2 bajo siempre significa que el modelo es malo. La interpretación de R^2 debe hacerse en el contexto del problema y teniendo en cuenta otros factores, como la complejidad del modelo y la cantidad de datos disponibles. Además, R^2 solo mide la fuerza de la relación lineal entre las variables y no puede capturar relaciones no lineales. Por lo tanto, siempre es importante complementar R^2 con otras métricas y análisis para evaluar la calidad de un modelo de regresión.

15 CONCLUSIONES/RECOMENDACIONES

La realización continua de aforos en diversas fuentes hidrológicas evidencia el desarrollo de habilidades analíticas en el hidrólogo, permitiéndole adaptarse a cualquier circunstancia en una fuente determinada. Los lechos fluviales, sujetos a variaciones estacionales, requieren la implementación de curvas de calibración de caudales específicas para cada época, o una general para todo el año, dependiendo del comportamiento hidrológico particular de la región.

Para una caracterización precisa de una sección fluvial, es recomendable realizar múltiples aforos, aplicando diversas metodologías para el cálculo del caudal total. Esto debe hacerse utilizando al menos dos equipos de medición, preferiblemente de diferentes tecnologías, que sean adecuados para el rango de velocidad y profundidad de la sección de estudio. Los equipos calibrados proporcionan datos confiables, fundamentales para la gestión de la información hidrológica.

No es una mala práctica eliminar obstáculos que alteran las secciones fluviales, generando variaciones en las velocidades del agua. En ríos de alta montaña, la selección de un sitio adecuado para el aforo puede ser desafiante debido a los cambios rápidos en el margen, la sección y las profundidades del río causados por las borrascas. La topografía montañosa genera altas velocidades que deben tenerse en cuenta para evitar errores de medición en el agua.

A continuación, en la siguiente imagen (ver imagen 1) se visualiza una sección con obstáculos, estos direccionan la corriente de agua evitando una distribución homogénea del agua en la sección del rio.

Imagen 1 Estación designada para aforos frecuentes. Fuente archivos propios (2024)

Imagen 2 Medición puntual. Fuente archivos propios (2024).

La imagen anterior (ver imagen 2) evidencia una corriente pronunciada y notoria generadora de un caudal elevado en ese punto especifico, con esto se hace alusión a que si también se quitan obstáculos estos se pueden instalar para normalizar la corriente a lo ancho de la sección de estudio.

Imagen 3 ejemplo de intervención de sitio después de una borrasca. Fuente archivos propios (2024).

En la ultima imagen (ver imagen 3) se realiza el ajuste de la sección lo cual es común en ríos de alta montaña cuando el profesional es consciente de la calidad y diferenciación de los datos con obstáculos y sin obstáculos.

Como capsula de conocimiento de campo cuando no se conoce una fuente y el tiempo o recursos son limitados se sugiere segmentar la sección en 10 partes y utilizar el método al 60% de la altura del agua medido desde la superficie del agua si es con molinete electromagnético y si es de Hélice desde el fondo a la superficie respectivamente. Lo anterior con profundidades menores a 0.5 m.

ACERCA DEL AUTOR

Soy un Valluno nacido en Sevilla en el año 1978, fui bautizado como Rafael Antonio Bárcenas Rodriguez; tengo dos profesiones: "Tecnólogo en Agua y Saneamiento" del SENA e "Ingeniero Ambiental" de la Universidad Nacional Abierta y a Distancia, me especialice en la Gestión de Proyectos y actualmente soy tesista como Maestrante en Gerencia de Proyectos de la UNAD. Además, soy auditor en ISO 14001:2015. Mi experiencia laboral abarca tanto el sector público y privado como consultor ambiental en un amplio campo de la gestión ambiental en mi tiempo libre y de planta me desempeño como analista Técnico en una empresa de servicios públicos de acueducto y alcantarillado como responsable del manejo hidrométrico y meteorológico facilitando los datos para la toma de las decisiones con respecto a la gestión hídrica que administra la organización.

www.ingramcontent.com/pod-product-compliance
Lightning Source LLC
Chambersburg PA
CBHW060943240526

45474CB00009B/122